国家电网有限公司
工程监理安全监督
管理办法

国家电网有限公司　发布

中国电力出版社
CHINA ELECTRIC POWER PRESS

图书在版编目（CIP）数据

国家电网有限公司工程监理安全监督管理办法 / 国家电网有限公司发布. -- 北京 ： 中国电力出版社, 2025. 4. -- ISBN 978-7-5239-0015-4

Ⅰ. TM7

中国国家版本馆 CIP 数据核字第 2025UE5585 号

出版发行：中国电力出版社
地　　址：北京市东城区北京站西街 19 号（邮政编码 100005）
网　　址：http://www.cepp.sgcc.com.cn
责任编辑：薛　红
责任校对：黄　蓓　常燕昆
装帧设计：张俊霞
责任印制：石　雷

印　　刷：三河市航远印刷有限公司
版　　次：2025 年 4 月第一版
印　　次：2025 年 4 月北京第一次印刷
开　　本：850 毫米×1168 毫米　32 开本
印　　张：0.5
字　　数：12 千字
定　　价：16.00 元

国家电网有限公司关于印发
《国家电网有限公司作业风险管控工作规定》
等 10 项通用制度的通知

国家电网企管〔2023〕55 号

总部各部门，各机构，公司各单位：

公司组织制定、修订了《国家电网有限公司作业风险管控工作规定》《国家电网有限公司工程监理安全监督管理办法》《国家电网有限公司预警工作规则》《国家电网有限公司电力突发事件应急响应工作规则》《国家电网有限公司安全生产风险管控管理办法》《国家电网有限公司安全生产反违章工作管理办法》《国家电网有限公司业务外包安全监督管理办法》《国家电网有限公司电力安全工器具管理规定》《国家电网有限公司电力建设起重机械安全监督管理办法》《国家电网有限公司安全隐患排查治理管理办法》10 项通用制度，经 2022 年公司规章制度管理委员会第四次会议审议通过，现予以印发，请认真贯彻落实。

国家电网有限公司（印）

2023 年 2 月 10 日

目　录

国家电网有限公司关于印发《国家电网有限公司作业风险管控工作规定》等 10 项通用制度的通知

第一章　总则 ·· 1

第二章　职责分工 ·· 2

第三章　安全监督主要内容 ······················· 4

第四章　监督检查方式 ·································· 6

第五章　评价考核 ·· 7

第六章　附则 ·· 8

附录　工程监理安全监督检查工作表 ·················· 9

国家电网有限公司
工程监理安全监督管理办法

规章制度编号：国网（安监/4）1103－2022

第一章　总　　则

第一条　为加强国家电网有限公司（以下简称"公司"）工程监理安全监督管理，规范工程监理安全管理行为，持续提升监理安全管理水平，依据《中华人民共和国安全生产法》《建设工程监理规范》《电力建设工程监理规范》《电力建设工程施工安全监督管理办法》等国家法律法规和公司有关制度，制定本办法。

第二条　本办法所称工程监理安全监督是指依据有关法律法规、规章制度、标准规范，对工程安全监理工作，以及工程监理工作中与保障安全有关的内容进行监督。

第三条　本办法适用于公司系统的输电、变电、配电等电网建设工程，火电、水电、风电、太阳能发电等发电建设工程，以及电力设施建设工程。公司系统的其他工程，以及由公司系统监理单位承揽监理业务的系统外工程参照执行。

第二章 职责分工

第四条 各级安全监督部门主要职责：

（一）建立健全工程监理安全监督工作机制和制度体系。

（二）监督工程监理相关法律法规、规章制度和标准规范的贯彻落实。

（三）组织开展工程监理专项安全监督检查，督促整改，开展评价考核。

第五条 各级建设、设备（运检）、营销等业务部门主要职责：

（一）贯彻落实公司工程监理安全监督工作要求，负责本专业工程监理安全监督管理，及时协调解决监理工作中存在的问题。

（二）指导、督促监理单位按公司管理要求开展各项安全工作，协调解决影响监理单位履行安全职责的问题。

（三）组织开展工程监理专项安全监督检查，并督促整改。

第六条 建设管理单位主要职责：

（一）建立健全建设管理项目的工程监理安全监督机制，负责现场工程监理安全监督工作的组织、协调。

（二）在监理招投标过程中提出监理单位安全管理投入计划及安全监理工作实施计划的相关要求。

（三）监督监理单位履行监理合同，贯彻执行国家、行业、地方标准及公司安全监理管理规章制度。

第七条 监理单位主要职责：

（一）建立健全本单位安全监理工作机制。

（二）建立健全以项目总监理工程师为第一责任人的现场监理管理体系。

（三）明确现场监理岗位及职责，并配备相应的监理人员，监理人员需持国家、行业或企业认定相关证件上岗。

（四）配备满足独立开展工程监理工作的各类资源。

（五）开展内部培训，确保监理人员掌握监理工作的内容、要求、方法。

（六）对监理项目部的安全监理工作进行指导、监督、考核。

第三章　安全监督主要内容

第八条　工作体系方面：

（一）安全生产法律法规和标准规范、安全生产决策部署贯彻执行情况。

（二）公司安全生产规章制度和工作要求执行情况。

（三）安全生产责任制建立健全情况。

（四）现场安全监理制度制定和管理情况。

（五）对施工单位现场安全生产规章制度、工程档案资料等审查情况。

（六）监理单位和监理项目部责任清单制定、公示和执行情况。

（七）事故（事件）通报学习、警示教育情况。

（八）安全监理例会执行情况。

（九）安全专项活动开展情况。

第九条　资源投入方面：

（一）按照工程规模、招投标文件及合同要求配置安全监理人员情况。

（二）按照监理工作需要配置办公设施、检测仪器、通信设备、通勤车辆、个人安全防护用品等设备或工具情况。

（三）监理人员安全培训情况。

第十条　准入管理方面：

（一）分包计划、分包商资质、分包合同及分包安全协议等内容审查情况。

（二）现场作业人员年龄、健康、安全培训考试、资格证书等安全准入资质审查情况。

（三）施工机械、工器具、安全防护用品（用具）进场审查情况。

第十一条 安全风险管控方面：

（一）工程安全风险勘察工作监督情况。

（二）安全风险交底工作监督情况。

（三）施工安全方案审查情况。

（四）对输变电工程施工作业票（B 票）的开具和执行进行监督情况。

（五）对重要设施和重大工序转接进行安全检查签证情况。

（六）安全文明施工设施审核验收情况。

（七）按有关要求对风险作业和工程关键部位、关键工序开展安全旁站情况。

（八）协调、检查交叉作业和工序交接中的安全措施落实情况。

（九）查纠现场违章行为和安全隐患情况，签发工程暂停令情况，监督问题整改闭环和工程暂停令执行情况。

第十二条 应急处置方面：

（一）配合业主项目部编制（修订）应急预案、现场处置方案情况。

（二）配合业主项目部组建现场应急队伍、配备应急物资装备、开展应急演练和应急能力评估工作情况。

（三）突发事件应急处置情况。

第四章 监督检查方式

第十三条 按照日常监督和专项监督结合、例行检查和随机抽查结合、现场检查和远程检查结合的原则开展工程监理安全监督。

第十四条 安全监督方式包括：

（一）召开座谈会、个别谈话。

（二）通过安全生产风险管控平台或赴监理单位、工程现场检查调阅有关文件和资料。

（三）结合"四不两直"安全督查、远程视频督查或现场安全检查工作，检查和核实有关工作开展情况。

（四）其他工作方式。

第十五条 安全监督管理工作程序为：

（一）监督检查工作前，明确安全监督依据、内容、方式和要求。

（二）监督检查工作中，准确掌握接受监督检查的监理单位和工程现场工作开展情况、安全管理状况，及时发现存在的问题。

（三）监督检查工作后，及时向接受监督检查的监理单位反馈问题，并督促整改。

（四）根据需要组织开展监督检查"回头看"，核实问题整改成效。

第五章　评　价　考　核

第十六条　各级单位应将工程监理存在的问题按照违章行为进行记分管理，对监理履责不到位的，按照公司有关规定给予约谈、通报、考核、纳入"负面清单""黑名单"处罚。

第十七条　对因安全监理工作不到位造成安全事故（事件）的，按照公司有关规定追究责任。

第六章 附 则

第十八条 本办法由国家电网有限公司安全监察部负责解释并监督执行。

第十九条 本办法自 2023 年 3 月 3 日起施行。

附录：工程监理安全监督检查工作表

附录

工程监理安全监督检查工作表

序号	检查项目	检查要点	发现问题	整改要求	检查人
1	安全生产决策部署及落实	1. 是否贯彻国家安全生产决策部署，严格执行安全生产法律法规和标准规范。 2. 是否落实公司安全生产工作会议、安委会会议、安全生产例会精神以及公司安全工作部署，安排本单位安全工作			
2	安全责任制落实	1. 是否全面落实公司关于安全生产责任制的相关要求，保证安全生产合法合规。 2. 是否充分发挥安委会作用，及时调整充实各级安委会组成，加强安全生产组织协调。 3. 是否定期检查、通报安全责任制落实情况。 4. 是否按照《国家电网有限公司安全责任清单管理办法》进行安全责任清单发布、公示，并严格执行。 5. 是否及时、规范开展事故（事件）通报学习和警示教育			
3	安全制度体系	1. 是否编制监理规划和监理实施细则。 2. 是否明确安全监理工作要求和安全旁站监理工作计划。 3. 是否明确文件审查、安全检查签证、旁站和巡视等安全监理的工作范围、内容、程序和相关监理人员职责以及安全控制措施、要点和目标			
4	例会工作	1. 是否按规定组织或参加项目安全检查、工作例会。 2. 是否在有关例会上通报施工现场存在问题，提出整改要求			
5	安全资源投入	1. 是否按公司有关要求配备充足、合格的监理人员。 2. 是否按照监理工作需要配置办公设施、检测仪器、通信设备、通勤车辆、个人安全防护用品等设备或工具。 3. 是否按公司规定开展内部安全教育培训工作。 4. 是否按需足额提取安全费用并规范使用			

序号	检查项目	检查要点	发现问题	整改要求	检查人
6	安全准入	1. 是否对分包计划、分包商资质、分包合同及分包安全协议进行审查，是否存在不合法、不合规项。 2. 是否对作业人员年龄、健康、安全培训考试、资格证书等安全准入资质进行审查，是否有不合格人员进场。 3. 是否开展施工机械、工器具、安全防护用品（用具）进场报审，是否有不合格机具设备进场			
7	安全风险管控	1. 是否对施工单位编制的报审文件进行审查，并签署意见执行。 2. 是否对重要施工设施在投入使用前和工序转接前进行检查和确认。 3. 是否在现场全过程监督重要工序施工。 4. 关键部位或关键工序施工过程中，是否在现场进行全过程监督旁站。 5. 是否进行日常的安全巡视检查，组织定期或专项安全检查并督促整改闭环，出现重大不符合情况应立即签发工程暂停令并督促停工整改。 6. 是否监督施工项目部开展安全通病防治、工程建设安全类强制性条文执行工作。 7. 是否监督施工项目部开展施工安全管理及风险预控工作。是否对三级及以上风险等级的施工工序和工程关键部位、关键工序、危险作业项目进行安全旁站。 8. 是否督促施工方开展工程安全隐患排查治理			
8	应急处置管理	1. 是否按规定开展监理应急预案、现场处置方案编制（修订）、评审、报备。 2. 是否配置监理应急队伍、物资装备。 3. 是否开展或配合开展应急演练和应急能力评估			